Hayat Alaarabiou

Aménagement d'un parc de loisirs à El Jadida

Hayat Alaarabiou

Aménagement d'un parc de loisirs à El Jadida

Presses Académiques Francophones

Impressum / Mentions légales

Bibliografische Information der Deutschen Nationalbibliothek: Die Deutsche Nationalbibliothek verzeichnet diese Publikation in der Deutschen Nationalbibliografie; detaillierte bibliografische Daten sind im Internet über http://dnb.d-nb.de abrufbar.

Alle in diesem Buch genannten Marken und Produktnamen unterliegen warenzeichen-, marken- oder patentrechtlichem Schutz bzw. sind Warenzeichen oder eingetragene Warenzeichen der jeweiligen Inhaber. Die Wiedergabe von Marken, Produktnamen, Gebrauchsnamen, Handelsnamen, Warenbezeichnungen u.s.w. in diesem Werk berechtigt auch ohne besondere Kennzeichnung nicht zu der Annahme, dass solche Namen im Sinne der Warenzeichen- und Markenschutzgesetzgebung als frei zu betrachten wären und daher von jedermann benutzt werden dürften.

Information bibliographique publiée par la Deutsche Nationalbibliothek: La Deutsche Nationalbibliothek inscrit cette publication à la Deutsche Nationalbibliografie; des données bibliographiques détaillées sont disponibles sur internet à l'adresse http://dnb.d-nb.de.

Toutes marques et noms de produits mentionnés dans ce livre demeurent sous la protection des marques, des marques déposées et des brevets, et sont des marques ou des marques déposées de leurs détenteurs respectifs. L'utilisation des marques, noms de produits, noms communs, noms commerciaux, descriptions de produits, etc, même sans qu'ils soient mentionnés de façon particulière dans ce livre ne signifie en aucune façon que ces noms peuvent être utilisés sans restriction à l'égard de la législation pour la protection des marques et des marques déposées et pourraient donc être utilisés par quiconque.

Coverbild / Photo de couverture: www.ingimage.com

Verlag / Editeur:
Presses Académiques Francophones
ist ein Imprint der / est une marque déposée de
OmniScriptum GmbH & Co. KG
Bahnhofstraße 28, 66111 Saarbrücken, Deutschland / Allemagne
Email: info@presses-academiques.com

Herstellung: siehe letzte Seite /
Impression: voir la dernière page
ISBN: 978-3-8416-3636-2

Zugl. / Agréé par: Rabat,Institut Agronomique et Vétérinaire HASSAN II, 2013

Copyright / Droit d'auteur © 2016 OmniScriptum GmbH & Co. KG
Alle Rechte vorbehalten. / Tous droits réservés. Saarbrücken 2016

Dédicace

Avec tout mon amour éternel et avec l'intensité de mes émotions, je dédie ce travail à :

La mémoire de mon cher père,

Vous m'avez toujours poussée à être sérieuse, je ne saurais vous remercier assez pour vos multiples sacrifices;

Ma mère,

En témoignage de mon amour et ma profonde reconnaissance pour tous les sacrifices déployés pour mon éducation et ma formation ;

Mes frères : Rédouane et Aissam

En témoignage de mon amour fraternel que Dieu vous garde,

vous protège et vous offre une vie pleine de joie et de réussites ;

Tous les membres de ma famille

A travers ce document, je vous exprime ma profonde gratitude et ma haute considération ;

Tou(te)s mes ami(e)s

En témoignage des agréables moments que nous avons passé ensemble.

Remerciements

Je tiens à remercier mon Professeur HARROUNI Moulay Chérif pour son encadrement, ses précieux conseils et sa disponibilité tout au long de mon parcours de spécialisation. Il a largement contribué à la réalisation de ce travail, qu'il trouve ici l'expression de ma reconnaissance et de mon profond respect.

Mes remerciements vont également à tous les enseignants du département du paysage de l'Institut Agronomique et Vétérinaire Hassan II, qui ont assuré ma formation.

J'aimerai aussi remercier profondément Mme. MOUNDIB Najoua et M. NADI Mohammed pour leur serviabilité et leur soutien.

Mes vifs remerciements sont également exprimés aux membres du jury pour l'honneur qu'ils m'ont fait en acceptant de participer à l'évaluation de ce travail et l'enrichir par leurs différentes remarques et suggestions.

Merci à tous ceux et toutes celles qui ont participé de près ou de loin à l'élaboration de ce travail. Qu'ils trouvent ici l'expression de mes sentiments les plus sincères.

<u>**Aménagement d'un parc de loisirs à El Jadida**</u>

Résumé

La ville d'El Jadida est la capitale de la région Doukkala-Abda. C'est un centre urbain avec une population dépassant les 200.000 habitants. Les extensions de l'habitat ont très peu pris en considération l'intégration des éléments paysagers dans les compositions urbaines. Il s'est avéré que le ratio en espaces verts est de 1,1 m²/habitant alors que la norme généralement établie en recommande 10 m²/hab. Devant cette situation, le plan d'aménagement de la ville prévoit la réservation d'importantes superficies pour la création des espaces verts. Ainsi, il est prévu de créer un parc de loisirs sur une superficie de 60 ha, dont l'emplacement se trouve au niveau de l'ancienne carrière/dépotoir qui représente un point noir pour la ville. L'objectif principal de cet aménagement est l'amélioration qualitative et quantitative du patrimoine vert de la ville. Il permettra aussi d'améliorer la qualité de vie des citoyens d'El Jadida et de mettre à leur disposition des équipements de sport et de loisir.

L'analyse paysagère a été réalisée pour ressortir les atouts et les contraintes du site et de son entourage qui ont été pris en considération dans le processus de conception. La proposition a été élaborée sur la base d'un programme d'aménagement qui comporte plusieurs composantes dont un complexe sportif, un centre culturel, un club d'équitation, des espaces de récréation et de détente (aires de jeux, parcours sportifs, jeux d'eau, trame verte…). Le parti d'aménagement consiste à conserver et à valoriser la mémoire du site fortement présente par le front de taille résultant de l'extraction des matériaux de construction. Cette falaise dont une partie va servir à aménager un mur d'escalade représente le point d'appel du parc et domine un lac artificiel situé dans le point le plus bas du terrain.

Cette proposition d'aménagement va contribuer à combler le déficit en espaces verts récréatifs et va constituer un atout pour la promotion urbaine de la ville d'El Jadida.

Mots clés : El Jadida, parc de loisirs, analyse paysagère, aménagement, programme d'aménagement, parti d'aménagement, falaise.

Abstract

The city of El Jadida is the capital of Doukkala- Abda region. It is an urban centre with a population of over 200,000 inhabitants. Extensions of habitat have rarely taken into account the integration of landscape elements in the urban conception. The ratio of green spaces is 1.1 m²/capita while the standard generally established recommends 10 m²/inhabitant. Given this situation, the development plan of the city provides large areas for the creation of gardens and green spaces. Thus it is expected to create a park on an area of 60 ha, the location is at the former quarry/landfill which represents so far a black spot for the city. The main objective of this development is the qualitative and quantitative improvement of the green spaces of the city. It will also improve the quality of life of the citizens of El Jadida and provide them with sports equipment's and leisure.

The landscape analysis was performed to highlight the strengths and constraints of the site and its surroundings which have been taken into account in the designing process. The proposal has been developed on the basis of a development program that includes several components such as a sports complex, a cultural centre, a riding club, spaces for recreation and relaxation (playgrounds, sports courses, water games, green field ...). The planning party consists in preserving the memory of the site strongly present in the working face of the quarry resulting from the extraction of building materials. This cliff, part of which will be used as a climbing wall represents the call point of the park, overlooking an artificial lake located in the lowest point of the site.

The proposed development will contribute to reduce the deficit in recreational green areas and will be an asset to the promotion of the city of El Jadida.

Keywords : El Jadida, leisure park, landscape analysis, planning, program development, planning party, cliff

Aménagement d'un parc de loisirs à El Jadida

ملخص

مدينة الجديدة، عاصمة منطقة دكالة-عبدة، هي مركز حضري يبلغ عدد سكانها أكثر من 000
200 نسمة. وناذرا ما تؤخذ الجودة البيئية في عين الاعتبار خلال التوسعات السكنية
والحضرية. اتضح أن نسبة المساحات الخضراء هو 1,1 متر مربع للفرد في حين أن المعيار
المحدد عموما هو 10 متر مربع لكل نسمة. ونظرا لهذا الوضع، فإن التصميم الحضري
للمدينة يخصص مساحات واسعة لإنشاء مساحات خضراء. وفي هذا الصدد يدخل موضوع
هذه الدراسة إذ يتطرق إلى إنشاء متنزه على مساحة 60 هكتار. والموقع هو في السابق مقلع
حجر استعمل في ما بعد كمكب للنفايات يمثل نقطة سوداء للمدينة. الهدف الرئيسي لهذا
المشروع هو التحسين النوعي والكمي للمجالات الخضراء في المدينة ومن خلاله سيتم أيضا
تحسين ظروف عيش المواطنين في الجديدة وتوفيرهم المعدات الرياضية والترفيهية.
تم إجراء تحليل المشهد لتحديد نقاط القوة وكذا معيقات الموقع والمناطق المحيطة به التي
أخذت بعين الاعتبار في عملية الابتكار. وقد تم تصميم هذا الاقتراح على أساس برنامج تهيئة
يتضمن العديد من المكونات بما في ذلك مجمع رياضي ومركز ثقافي ونادي ركوب الخيل
ومساحات للاستجمام والاسترخاء (ألعاب للأطفال، مياه ترفيهية، إطار أخضر...). ترتكز
فكرة هذا التصميم على الحفاظ وتعزيز ذاكرة الموقع المتجلية بقوة في الجرف الكبير الناتج
عن استخراج مواد البناء. سيتم استعمال جزء من هذا الجرف لخلق جدار تسلق يمثل نقطة
جذابة في الحديقة ويطل على بحيرة اصطناعية تقع في النقطة الأكثر انحدارا في الموقع.
سوف يساهم هذا المقترح في التقليص من العجز في المساحات الخضراء الترفيهية وسيكون
تعزيزا لمدينة الجديدة.

الكلمات الرئيسية: مدينة الجديدة، منتزه ترفيهي، تحليل المشهد، التصميم، برنامج التهيئة،
الجرف الكبير.

Liste des figures

Liste des tableaux

Liste des photos

Sommaire

Introduction

La ville d'El Jadida est une ville qui dispose d'importants atouts pour les investisseurs. Elle est appelée à devenir un pôle économique très important. Par ailleurs, elle est le premier pôle de production laitière et sucrière et le deuxième pôle de production maraichère (Anonyme, 2011a). L'urbanisation d'El Jadida a connu, tout au long de ces dernières années, un développement spectaculaire stimulé par l'augmentation de la population dont le nombre est estimé de nos jours à 200.000 habitants. Il paraît que le volet des espaces verts ne constitue pas une priorité pour la ville, puisque le ratio est d'environ 1,1 m²/habitant, au moment où les normes telles que soutenues par l'OMS sont de 10 m²/habitant. Pire encore, les plus importants espaces plantés d'El Jadida datent de l'époque coloniale (parc Hassan II et parc Mohammed V). Et même ces espaces souffrent de délaissement et de dégradation avancée (Anonyme, 2011b).

On sait que les espaces verts, en plus de leur aspect ornemental, permettent à la ville de respirer et de s'oxygéner. Ils jouent aussi le rôle de régulateur du climat urbain et constituent des espaces de détente et de décontraction pour les résidents et pour les visiteurs de la ville. Face à la situation alarmante en matière de manque d'espaces verts de récréation à El Jadida, le plan d'aménagement prévoit de réserver le site de l'ancienne carrière, devenue dépotoir, à des aménagements en espaces verts. Cette ancienne carrière, située en plein périmètre urbain, couvre une superficie de près de 60ha. Vu la dimension conséquente de cet espace et ses occupations antérieures, il est nécessaire d'en faire une étude détaillée pour pouvoir élaborer un projet d'aménagement à la hauteur des ambitions de mise à niveau de la ville et des attentes de la population.

Aménagement d'un parc de loisirs à El Jadida

I. Présentation de la ville

1. Situation

La ville d'El Jadida est située sur le littoral atlantique marocain, entre Casablanca et Oualidia (Figure 1). Elle s'étend sur une superficie de 2480 hectares (SALAMA *et al.*, 2012). Elle est délimitée au Nord par la province de Settat, au Sud par la province de Safi, à l'Est par la commune rurale Haouzia, et à l'Ouest par la commune rurale Moulay Abdellah et l'Océan Atlantique.

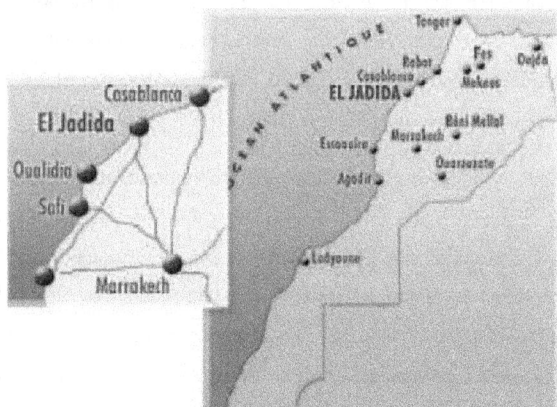

Figure 1 : Situation géographique d'El Jadida (Anonyme, 2012a)

2. Climatologie

En raison de la proximité immédiate de l'océan et de l'absence d'obstacles naturels, la ville d'El Jadida à un climat littoral modéré. Les précipitations sont très irrégulières d'une année à l'autre. Les pluies tombent régulièrement en automne et en hiver et présentent une moyenne annuelle de 386 mm. La température moyenne annuelle est de 18 °C avec des maxima de 35 °C à 40 °C au mois d'août, et des minima de 5 °C au mois de janvier (SALAMA *et al.*, 2012).

3. Population

La population d'El Jadida était de 144.440 habitants en 2004 pour 2.480 hectares, soit 58 hab/ha contre 119.083 habitants en 1994 soit 48 hab/ha. Le taux de croissance annuel depuis 1994 était de 1,9%. Les femmes représentent 49% et les hommes 51%, ce qui montre que la composition présente une très légère différence entre les sexes, en faveur des hommes (SALAMA *et al.*, 2012).

Pour la distribution de la population, on distingue que 10,9% constituent la petite enfance de 0 à 6 ans, 17,4% représentent la tranche 6 à 15 ans et 64,8% regroupent la catégorie en âge de travailler (15 à 59 ans) (Figure2). Ce qui nécessite l'installation des équipements nécessaires dans tous les domaines, à savoir les institutions d'enseignement et de formation ainsi que des centres de détente, des espaces de sport et des zones de jeux qui contribuent à l'éducation des enfants. Enfin, la population âgée de 60 ans et plus représente 6,9% et toutes les mesures devraient être prises pour élaborer des stratégies afin de répondre aux besoins de cette catégorie qui ne cesse d'augmenter. Il faudrait prévoir des centres de traitement, des centres d'accueil et des espaces de repos et de détente. L'augmentation de ce groupe d'âge mettrait la communauté devant des difficultés particulières, notamment en ce qui concerne le renouvellement de la population et la hausse des dépenses de santé (Anonyme, 2012)

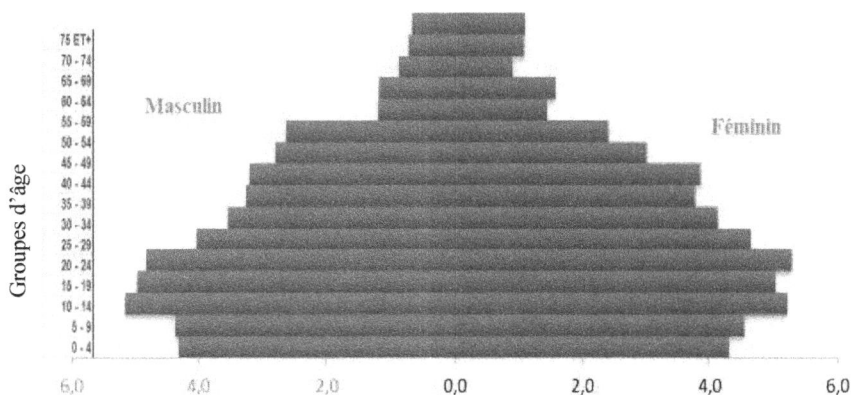

Figure 2 : Pyramide des âges de la population d'El Jadida (anonyme, 2012)

II.   Justification du projet

Suivant une étude réalisée dans la ville d'El Jadida, on trouve qu'il existe deux types d'espaces verts : les parcs et les jardins publics. Il existe deux parcs à El Jadida qui appartiennent tous au domaine communal et qui ont été créés durant   la période du protectorat : le parc Mohamed V qui occupe 3,55 ha, situé au centre-ville dans l'avenue Mohamed VI et le parc Hassan II, d'une superficie de 4,55 ha situé entre l'avenue des FAR et l'avenue Ibn Khaldoun (Figures 3 et 4) (Anonyme, 2013a).

Figure 3 : Situation du parc Mohammed V (Anonyme, 2012 a)

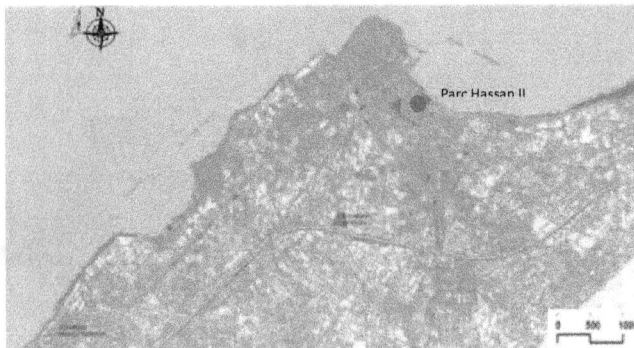

Figure 2 : Situation du parc Hassan II (Anonyme, 2012 a)

14

Aménagement d'un parc de loisirs à El Jadida

Les jardins publics sont des lieux aménagés où on cultive de façon ordonnée des plantes domestiquées ou sélectionnées. La ville dispose de plusieurs jardins. Ce sont des espaces facilement accessibles qui appartiennent en totalité à la commune urbaine. Leur superficie varie de 0,4 à 1 ha. Les principaux jardins publics sont : Moulay Al Hassan, Sophal, Al Qods, Al Mouhit, Nabeul, Hôtel de ville, Mohamed VI, Ahmed Amine, Abdelkrim Al Khattabi, Atlas, Les moulins (Anonyme, 2012a).

Espace vert	État actuel
Parcs	o Existence de petits dépôts de déchets sur les limites des parcs (Photos 3 et 4); o Mobilier urbain détérioré (Photos 1); o Revêtements en mauvais état ; o Dégradation de la végétation (Photos 7 et 8) ; o Manque de points d'appels nécessaires pour attirer l'attention des visiteurs ; o Manque d'espaces de jeux pour enfants ;
Jardins publics	o Manque d'éclairage d'ambiance ; o Mobilier urbain détérioré (Photos 2); o Manque d'espaces de détentes ; o Mauvais état des revêtements ; (Photos 9 et 10) ; o Manque de grands sujets ; o Fontaines non fonctionnelles (Photos 5 et 6) ; o Arrosage non organisé et peu efficient (Photos 11 et 12) ;

Tableau 1 : Etat actuel des espaces verts à El Jadida

Aménagement d'un parc de loisirs à El Jadida

Photo 1 : Banc détérioré du parc Hassan II

Photo 2 : Poubelle détériorée du jardin Abdelkrim Al Khattabi

Photo 3 : Dépôts d'ordures à l'entrée du parc Hassan II

Photo 4 : Dépôt de déchets sur la limite du parc Hassan II

Aménagement d'un parc de loisirs à El Jadida

Photo 5 : Fontaine non fonctionnelle dans le parc Hassan II

Photo 6 : Fontaine non fonctionnelle dans le jardin Mohamed VI

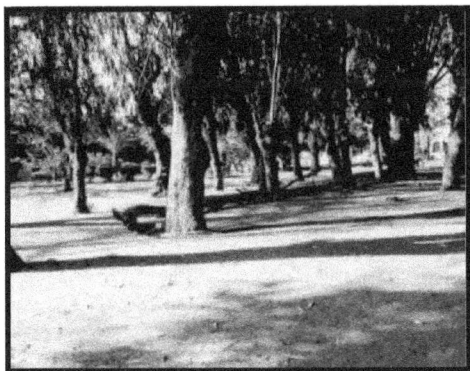

Photo 7: Dégradation de la végétation au parc Mohammed V

Photo 8 : Végétation dégradée au jardin Al Qods

Photo 9 : Allée dégradée dans le jardin Les Moulins

Photo 10 : Désorganisation des allées dans le jardin Moulay Al Hassan

Photo 11 : Arrosage non organisé dans le jardin Sophal

Photo 12 : Arrosage non organisé dans le parc Hassan II

o **Conclusion**

Les informations recueillies par les différents parcs et jardins publics de la ville, montrent que la superficie totale est de l'ordre de 19 ha, pour une population de 170.000 habitants, d'où un ratio approximatif de 1,1 m²/habitant, ce qui est bien inférieur aux 10 m² préconisés selon la norme internationale.

Vu que la plupart des espaces verts de la ville souffrent de manque d'entretien (Tableau 1), on a fixé comme objectif à travers ce travail de créer un espace unique de verdure et de loisir. Ainsi nous allons présenter dans la partie suivante les données du site en question à savoir : la situation géographique, la topographie, la circulation, les contraintes et les atouts.

III. Présentation du site

1) Situation du site

Au Maroc, il existe plusieurs carrières qui ont été mises en place pour des fins économiques, certaines sont abandonnées tandis que d'autres sont toujours fonctionnelles. A El Jadida, se trouve une ancienne carrière fermée, non réaménagée, abandonnée après la fin des travaux d'extraction, qui laisse apparaitre une grande excavation. Après sa désaffectation, cette carrière a été utilisée comme dépotoir sauvage à ciel ouvert. Elle est située à 2 km du centre-ville, au milieu des zones résidentielles (Figure 5). C'est ce site perturbé qui a été prévu comme espace destiné à recevoir un parc de loisirs

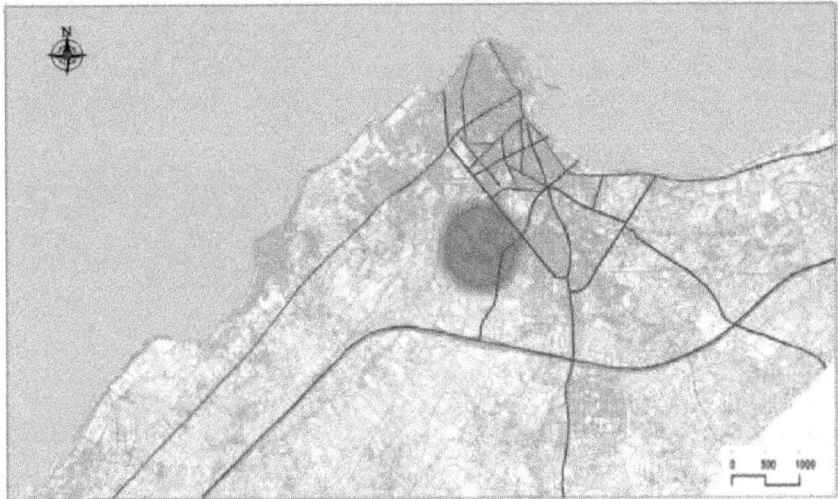

Figure 4 : Situation de l'ancienne décharge dans la ville d'El Jadida (Anonyme, 2012a)

Aménagement d'un parc de loisirs à El Jadida

Le site est délimité au Nord par un centre commercial. Au Sud, l'élément de repère est la gare ferroviaire dont le site est séparé par une zone d'habitations mixtes (villas, immeubles, habitat économique) (Photos 13, 14 et 15). A l'Ouest, le site est bordé par une bande d'immeubles continus (R+3 et R+4) et au-delà s'étend l'ancien aérodrome en cours d'urbanisation. A l'Est, se trouve un quartier d'habitat économique (Hay Salam) (Figure 6).

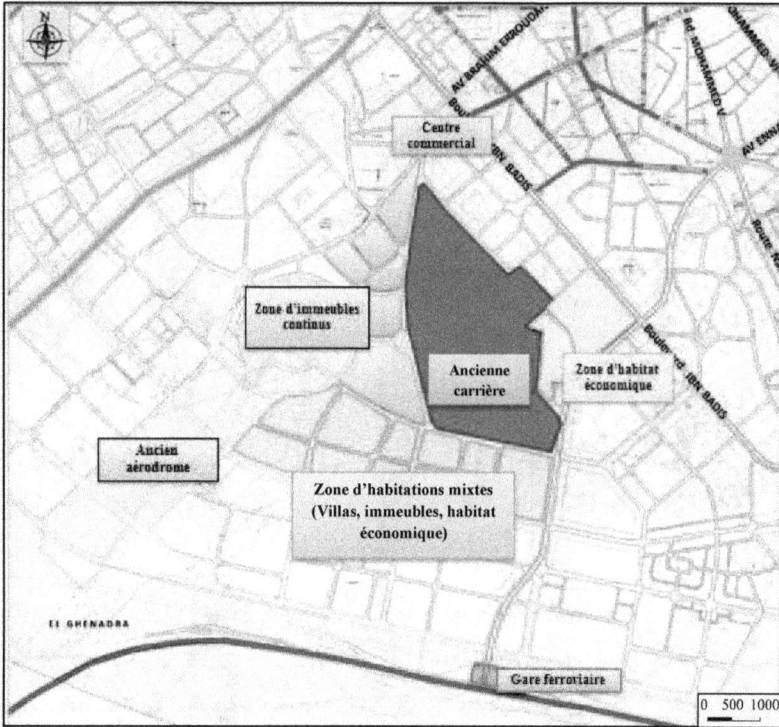

Figure 5 : Localisation du site dans la ville d'El Jadida (Anonyme, 2012a)

Aménagement d'un parc de loisirs à El Jadida

Photo 13 : Zone de villas

Photo 14 : Zone d'habitat économique

Photo 15 : Zone d'immeubles continus

1) Topographie du site

Le site présente une morphologie complexe à cause de ses états antérieurs. En effet, c'était une carrière d'extraction de matériaux de construction qui a laissé des fronts de taille dont le plus important s'étend sur 660 m, avec une dénivelée de 28 m dans sa partie la plus haute (Photo 16). Elle a aussi laissé des excavations à divers endroits. La plus importante se trouve au pied de la grande falaise (Figure 7).

Photo 16 : Front de taille de 28 m de hauteur dans le site

Figure 6 : Plan topographique du site

1) Circulation

Le site jouit d'une localisation centrale à presque 2 km du centre-ville, dans la zone résidentielle. Il est entouré par des voies carrossables qui le mettent en relation directe avec les différentes entités de la ville (Figure 8). Les principaux axes sont :

- Boulevard Ibn Badis : traverse un ensemble de lotissements du côté Nord-Est du site (quartier Bir Anzarane).
- Avenue Al Alaouyine : constitue la limite Sud du site et traverse la zone d'habitations mixtes, passe au Nord de l'ancien aérodrome.
- Avenue Brahim Roudani : relie le boulevard Ibn Badis et l'avenue Al Alaouyine du côté Nord-Ouest du site et passe par la faculté poly-disciplinaire.
- Avenue Othmane Ibn Affane : relie la gare au centre-ville en traversant la zone d'habitat économique au Sud-Est du site.

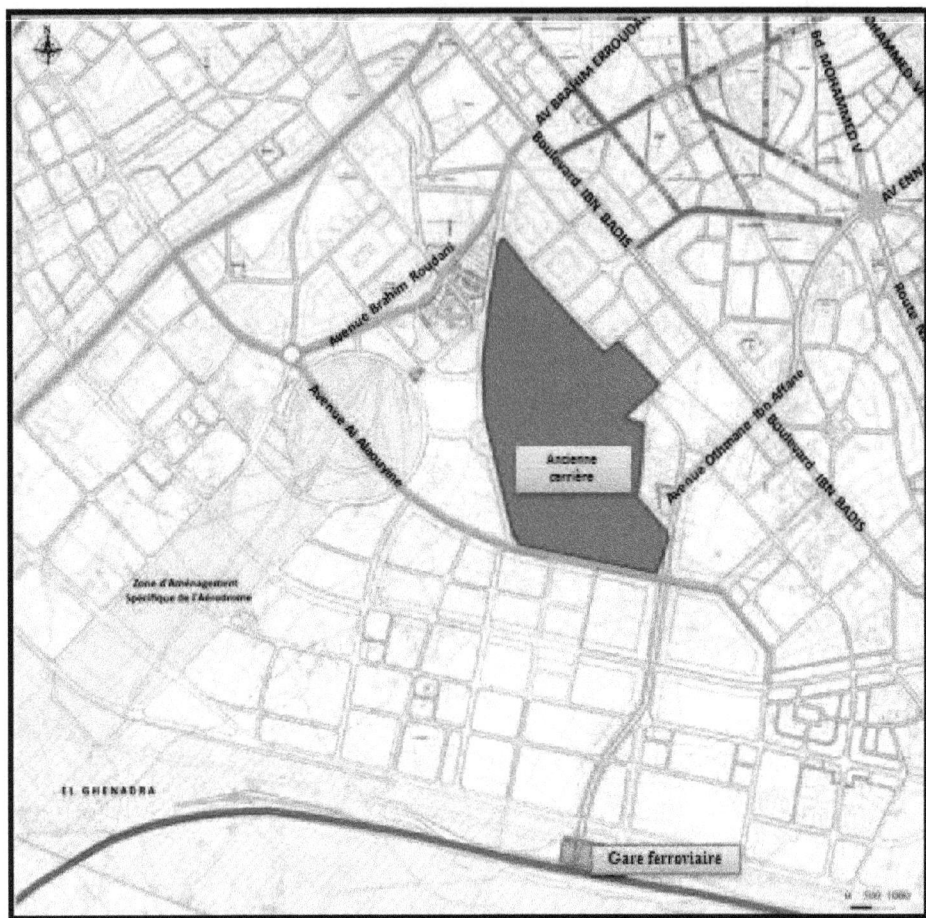

Figure 7 : Principales artères qui entourent le site

2) Contraintes et potentialités

a. Contraintes

La zone d'étude subit plusieurs perturbations. Les raisons principales de l'état défavorable du site sont l'existence de plusieurs points noirs, tels que :

- Terrain accidenté résultant des travaux d'extraction de matériaux de construction ;
- Présence d'habitats insalubres dans le site installés suite à sa désaffectation (statut de no man's land) ;
- La carrière ayant été abandonnée, le site a été utilisé comme dépotoir à ciel ouvert.

b. Potentialités

- Le site jouit d'un bon emplacement par rapport aux différents quartiers de la ville, surtout le nouveau pôle urbain ;
- Le terrain est desservi par de grandes avenues ;
- La superficie étendue du site va permettre d'envisager un programme d'aménagement ambitieux ;
- La morphologie variée représente un atout pour l'exercice de conception ;

IV.   Analyse paysagère du site

1. Introduction

Le site objet de cette étude est inséré dans le nouveau pôle urbain d'El Jadida. Il a une forme trapézoïdale dont la pointe est orientée vers le Nord. Il s'étend sur une superficie de 60 ha. Il est caractérisé par sa localisation à proximité de la zone d'habitation, la voie ferrée et la ceinture verte. Le terrain présente des nuisances pour les citoyens vu qu'il a été utilisé comme décharge non contrôlée de déchets ménagers et de matériaux de constructions.

2. Eléments physiques

- Morphologie

Le site jouit d'une diversité de morphologie très apparente. On note la présence d'une grande falaise et de plusieurs excavations (Figure 9), en réalité des dépressions dispersées dans le terrain. On distingue trois grandes excavations qui sont remplies l'une par du mâchefer (Photo 17), l'autre par des déchets ménagers (Photo 18) et la troisième par de l'eau stagnante (Photo 19).

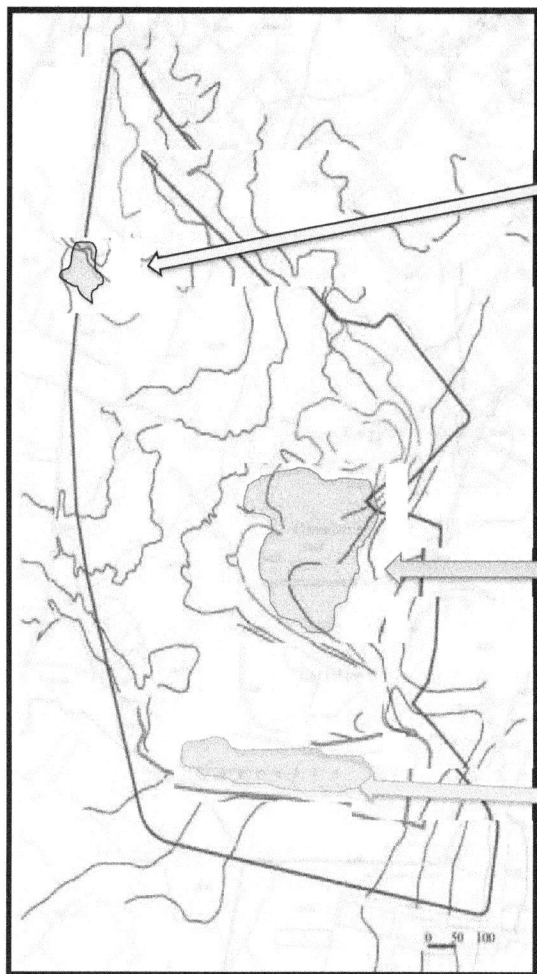

Photo 17 : Excavation remplie de mâchefer

Photo 18 : Excavation remplie par des déchets

Photo 19 : Excavation remplie par de l'eau stagnante

Figure 8 : Localisation des principales excavations

3. Eléments anthropiques

- **Installations humaines**

En se déplaçant dans le site, on est frappé par la présence d'habitations insalubres telles que les groupes Lalla El Ghazoua (Photo 20) et El Koudia qui sont situées respectivement à l'Ouest et à l'Est du terrain et d'autres qui se trouvent dans l'excavation au pied de la falaise (Photo 21). Ces bidonvilles sont construits avec des matériaux de récupération tels que la ferraille, le plastique ou les briques de béton. L'installation de l'électricité pour ces habitas non structurés favorise leur envahissement du site.

Photo 20 : Groupe d'habitations Lalla El Ghazoua

Photo 21 : Abris installés dans l'excavation au pied de la falaise

L'insalubrité est due à l'existence de la décharge qui attire des personnes en état de précarité qui vivent du recyclage des déchets rejetés. Il s'agit d'individus de tous âges (enfants, jeunes adultes, femmes..) qui fouillent dans les déchets (Photos 22 et 23) à la recherche de matériaux recyclables : métaux, plastique, verre, papier, carton …qu'ils espèrent vendre pour retirer de quoi subvenir à leurs besoins. Dans ces bidonvilles, les conditions de vie et de travail sont lamentables et dangereuses. La plupart des enfants de la décharge développent des infections des voies respiratoires et des problèmes cutanés...etc.

Photo 22 : Enfants en train de jouer dans les débris de construction

Photo 23 : Une mère avec son enfant en train de fouiller dans les déchets

4. Constantes d'ambiance

• Echelle
  ➢ Echelle d'introversion (fermeture)

Une fois à l'intérieur du site, c'est-à-dire dans les excavations, surtout au pied de la falaise qui représente un grand obstacle vertical (Photo 24), la vue se rétrécit et on ressent qu'on est enfermé, presque isolé. Les détails périphériques deviennent peu perceptibles.

Photo 24 : Falaise formant obstacle physique et visuel

> **Echelle d'extraversion (ouverture)**

Les éléments qui entourent le site apparaissent lorsqu'on est à l'extérieur des zones qui regroupent les dépressions (Photo 25). Le regard se déplace sans rencontrer de limites.

Photo 25 : Espace extraverti ouvert sur la zone d'immeubles continus

5. Contraste

À l'échelle du site, il existe de forts contrastes.

➢ Contraste de couleur

Il apparait surtout dans les excavations qui sont remplies d'eau stagnante d'une couleur foncée qui contraste avec la couleur claire du front de taille (Photo 26).

Photo 26 : La couleur de l'eau stagnante contraste avec la couleur du front de taille

6. Constantes de géométrie

➢ Lignes

Les immeubles qui se présentent comme des lignes verticales sont en contraste avec l'aspect plan des espaces dégagés du site (Photo 27).

Photo 27 : Zone d'immeubles continus (côté Ouest) contrastant avec les lignes
horizontales du site

7. Points

> **Points repères**

La falaise représente le point repère le plus remarquable vers lequel le regard est dirigé. C'est un élément imposant qui permet aux visiteurs du site de s'orienter (partie Sud et Sud-Est). Elle se caractérise par sa forme longitudinale (660 m) et sa structure géologique révélée à la suite de l'extraction des blocs de pierres au niveau du front de taille.

8. Conclusion

Pour conclure, on constate que malgré quelques contraintes, on peut tirer profit des nombreux atouts du site tels que la position géographique, structure géologique, la superficie étendue et la falaise. Cette dernière va être exploitée pour organiser les axes et l'emplacement des équipements dans le site. Pour ce faire, on a adopté un programme d'aménagement qui va être détaillé dans la partie suivante.

V. Proposition d'aménagement du site

1. Programme d'aménagement

La ville d'El Jadida, siège de la province, joue un rôle important dans l'armature urbaine régionale et nationale. Elle se développe à un rythme accéléré pour répondre à la pression de la demande en logements, en équipements, en services et en activités diverses. D'où la création d'un nouveau pôle urbain qui est bien positionné et facilement accessible à partir de nombreux points de la ville. Le nouveau pôle comptera des administrations, des centres commerciaux, des institutions scolaires et d'autres équipements de proximité. Il intègre aussi l'aménagement du parc de loisirs (prévu sur l'ancienne carrière/décharge publique), objet de cette étude. Pour contribuer à combler le manque en espaces récréatifs et de loisirs, un programme d'aménagement est envisagé, comprenant plusieurs composantes. Il se décline comme suit :

> ➤ Complexe sportif
> - ▪ Terrain de football avec pistes d'athlétisme
> - ▪ Deux terrains de basketball
> - ▪ Deux terrains de handball
> - ▪ Deux terrains de volleyball   } Plein air
> - ▪ Deux terrains de football
> - ▪ Douze terrains de pétanque
> - ▪ Un Club de tennis
>
> - ▪ Centre de natation
> - ▪ Salle de Ping–pong
> - ▪ Salle de gymnastique   } Salle couverte
> - ▪ Salle de dance

Aménagement d'un parc de loisirs à El Jadida

- ➤ Centre culturel
    - o Grande salle pour les manifestations culturelles et artistiques :
        - Conférences
        - Tables rondes
        - Projections de films
        - Expositions d'œuvres d'art
    - o Bibliothèque
    - o Restaurant
    - o Salle de prière
    - o Bloc administratif

- ➤ Club équestre
    - Manège
    - Ecurie
    - Paddock
    - Carrière
    - Sellerie
    - Locaux d'entretien
    - Bloc administratif
    - Restaurant
    - Tribunes (spectateurs, jury)
    - Locaux d'accueil (cuisine, bloc de sanitaires, vestiaires)

- ➤ Aires de jeux pour enfants et adultes
- ➤ Escalade en falaise
- ➤ Parcours sportifs
- ➤ Restaurant
- ➤ Café
- ➤ Zones de stationnement
    - Dix parkings

2. Parti d'aménagement

Le projet consiste à transformer l'ancienne carrière/dépotoir en un espace fournissant des activités de loisirs et de divertissement, en tenant compte des différentes contraintes et potentialités du terrain pour en faire un espace d'attraction dans le nouveau pôle urbain.

Un des objectifs de l'aménagement est de conserver la mémoire du lieu, c'est-à-dire de renforcer la valeur de la falaise qui est l'élément morphologique le plus spectaculaire du site. D'où la conception d'un axe longitudinal de direction Nord-Sud aboutissant sur la falaise/front de taille. Dans sa partie Nord, cet axe aboutit à un grand dégagement donnant sur le boulevard Ibn Badis (Figure 10). Perpendiculairement à cet axe, une voie de direction Est-Ouest est conçue reliant la zone d'immeubles continus à la zone d'habitat économique. A la rencontre de ces deux axes sera placée une grande pièce d'eau.

Figure 9 : Localisation de deux axes principaux du site

39

Aménagement d'un parc de loisirs à El Jadida

Les contraintes du terrain ont été prises en considération pour placer les équipements dans le parc. Premièrement, le complexe sportif et le club équestre ont été localisés respectivement au Nord et Nord-Ouest. Le complexe sportif occupe une superficie d'environ 10 ha, c'est un espace ouvert, plan et facilement accessible.

Deuxièmement, le centre culturel, la salle couverte, le club de tennis et le centre de natation ont été regroupés dans la partie Sud qui s'ouvre sur l'avenue Al Alaouyine. En face de l'axe principal un restaurant a été prévu avec une grande terrasse pour offrir des vues panoramiques sur la totalité du parc. Troisièmement et pour valoriser et conserver la mémoire du site, la falaise a été conservée comme un grand point d'appel, c'est la partie la plus accidentée. Un étang artificiel a été créé dans la zone Sud à la limite de l'axe principal et au pied de la falaise. Finalement, les aires de jeux ont été prévus à l'intersection des allées secondaires de circulation. Les différents équipements sont reliés par des voies de circulation à l'intérieur du parc, en particulier le complexe sportif à l'accès libre. D'autres voies de circulation ont été conçues d'allure sinusoïdale afin de permettre la découverte de la totalité du site. Ces axes souples créent aussi un contraste avec les axes orthogonaux (Figure 11).

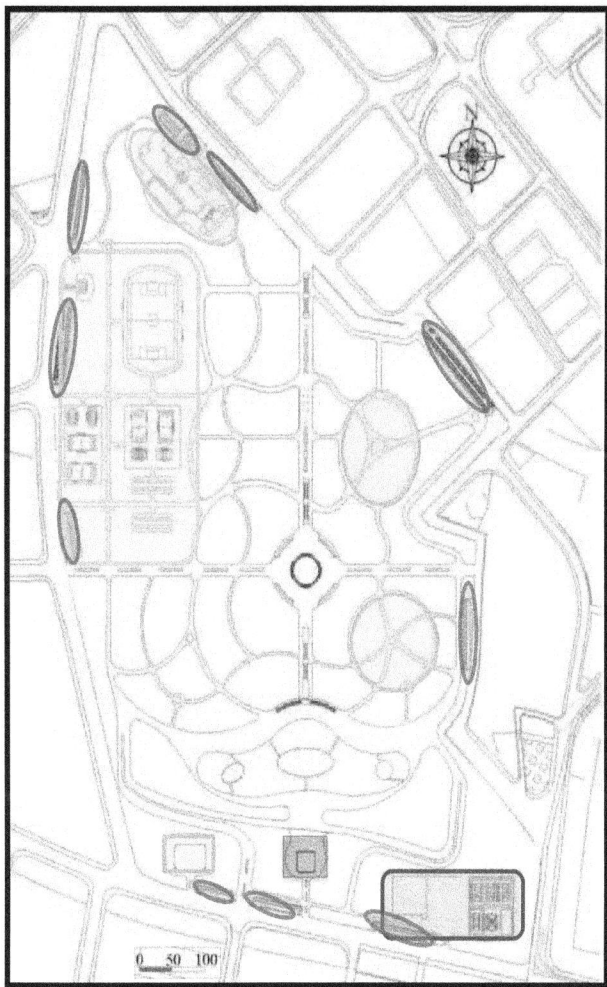

C.S : Complexe sportif

C.E : Club équestre

C.C : Complexe culturel

A.J : Aire de jeux

P: Parking

R: Restaurant

M.E: Mur d'escalade

S.C : Salle couverte

C.N : Centre de natation

Figure 11 : Plan de zonage

3. Composantes du site

1. Complexe sportif

Afin d'assurer l'acceptabilité sociale du projet, ce complexe polyvalent a été conçu en accès libre dans l'objectif d'offrir un nombre d'activités variées et de répondre à tous les besoins des usagers (Figure 12). Donc, il s'agit d'un agencement de terrains (football, handball, basketball, volleyball, pétanque) qui ont été installés dans la partie Ouest du site. Ce complexe sera doté des infrastructures complémentaires nécessaires comme les sanitaires et les vestiaires. Pour accéder directement au complexe, il y a deux entrées du côté ouest donnant sur l'avenue périphérique. Deux grands parkings ont été prévus à côté des entrées, un pour les voitures et l'autre pour les autocars. Bien que l'idée principale soit d'aboutir à un espace sportif ouvert, l'ensemble des terrains sera encadré par de grands sujets pour offrir de l'ombre (Figure 14). Dans le reste de l'espace, d'autres ambiances seront créées en plantant des arbustes, des massifs fleuris et de la pelouse.

Le complément du complexe sportif va être représenté par des salles couvertes d'une superficie qui s'élève à 4.500 m² (Figure 13), un club de tennis de quatre courts et un centre de natation avec un bassin aux normes et un autre pour l'apprentissage et les loisirs avec animations et jeux d'eau. L'ensemble va être implanté dans la partie Sud-est du parc.

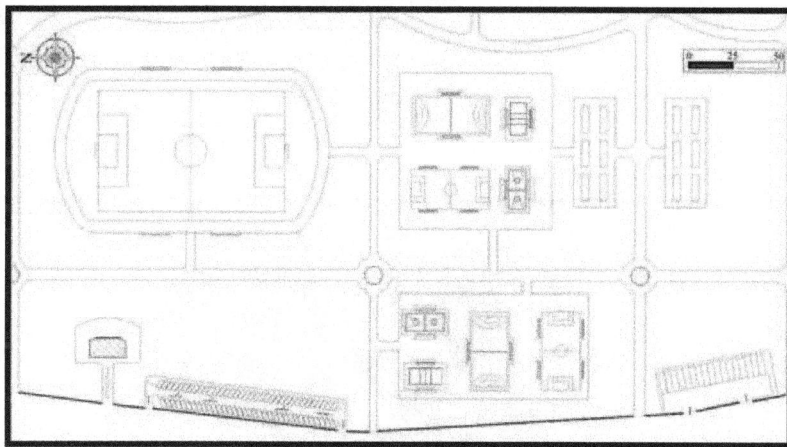

Figure 13 : Complexe sportif

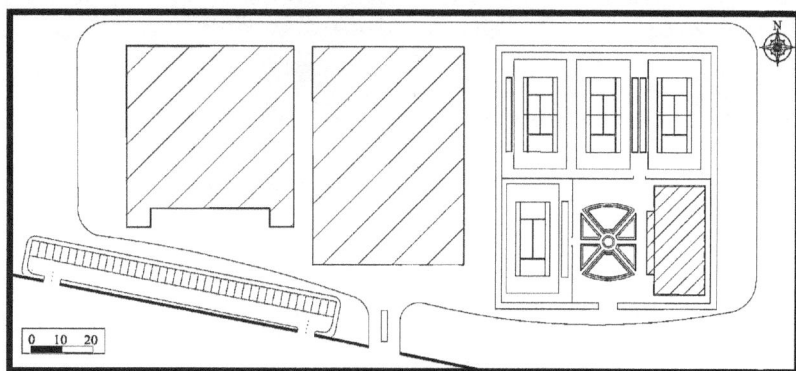

Figure 12 : Complément du complexe sportif

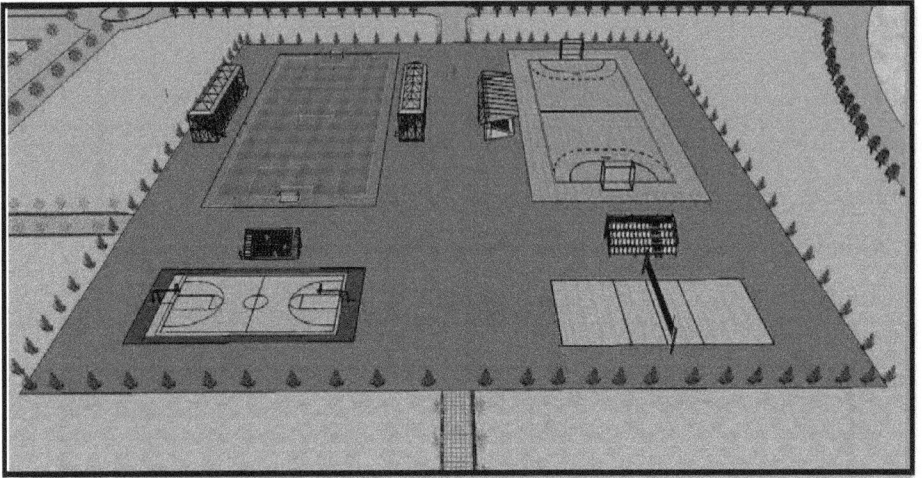

Figure 14 : Perspective de complexe sportif

1. Centre culturel

Il est créé sur un terrain d'une superficie de 5.000 m², entouré par des parterres plantés et disposant d'une grande terrasse. Il est situé dans la partie Sud-ouest du site (Figure 15). Pour en faciliter la gestion, le centre sera clôturé. C'est un espace de rencontres et d'échanges artistiques et culturels à travers la musique, les beaux-arts, les ateliers participatifs et éducatifs (d'écriture, de lecture et de peinture). C'est une institution qui va offrir des possibilités de créativité, d'expression et de communication, fournir de la documentation et des formations, organiser des journées scolaires, des séminaires et des manifestations afin de mettre en valeur le patrimoine local, régional et national.

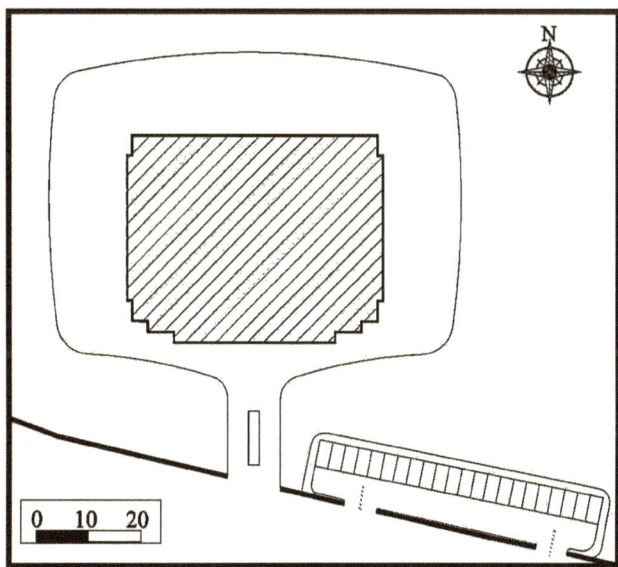

Figure 15 : Centre culturel

1. Club équestre

C'est un lieu où sont regroupés des chevaux, ceux qui les soignent et ceux qui les montent sur place ou dans les espaces environnants. Le club équestre est situé dans la zone Nord du parc, ouvert sur un grand boisement (figure 16). Il est d'une dimension de 3 ha et peut contenir jusqu'à 50 chevaux. Le club est conçu pour permettre les différentes formes d'activités équestres (compétitions, loisir, apprentissage). Ce club permettra de renforcer la renommée d'El Jadida en tant que capitale nationale du cheval.

Le club équestre sera composé de : manège, écurie (stalle et box), paddock, carrière, sellerie, locaux d'entretien, locaux des dirigeants, locaux d'accueil (restaurant, bloc sanitaires et vestiaires) et tribunes pour les spectateurs et pour le jury (MJS, 1993) (Annexe 1).

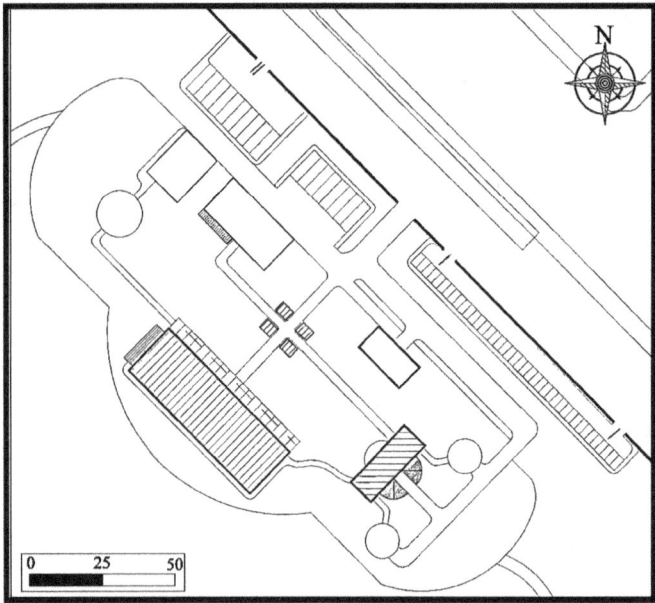

Figure 14 : Club équestre

1. Aires de jeux

Le site offre un ensemble d'aires de jeux destinées aux jeunes enfants, installées dans les différentes parties du parc et dans les îlots du lac artificiel, au pied de la falaise (Figures 17 et 18). Ces aires ont été imaginées pour rendre le jardin plus accueillant et offrir aux jeunes enfants des espaces de loisirs et d'émancipation. Pour éliminer certains risques, il faut envisager des clôtures, faire des délimitations pour séparer les zones de jeux et les différencier en fonction de l'âge des enfants. Des passages accompagnés par des bancs tout autour des aires ont été prévus afin de maintenir le sentiment de sécurité chez les parents et chez les enfants. Ces espaces doivent être plantés de manière à garder l'harmonie avec le paysage du parc, c'est-à-dire en introduisant des arbres d'ombre et des arbustes et en agrémentant par les différents massifs et des couvre-sol. Ces aires de jeux vont être animées par plusieurs équipements tels que : jeux sur ressort, cabanes et maisonnettes, tunnel, tourniquet manège, bac à sable, balançoires, toboggans…

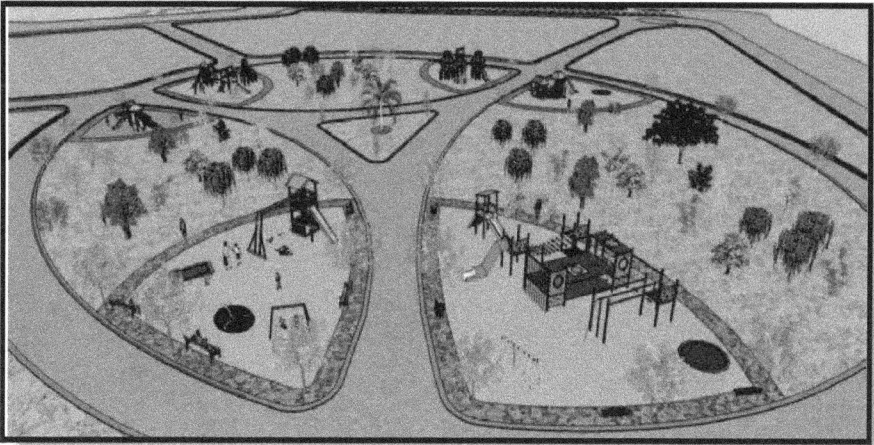

Figure 17 : Perspective sur des aires de jeux

Figure 18 : Ilot avec aires de jeux

2. Parkings

L'emplacement des parkings a été conçu avec l'objectif de faciliter l'accès pour les usagers motorisés. La superficie totale des parkings s'élève à 15.350 m², d'une capacité de 26 autocars et 345 voitures. Les parkings sont tous accessibles par une entrée et une sortie avec des trottoirs pour les piétons. Chaque zone de stationnement va être entourée par une plantation en vue de créer de l'ombre et des écrans de verdure.

3. Aires de repos

Ce sont des zones de détente qui offrent du calme pour la relaxation. Le projet prévoit de nombreuses aires sous forme d'espaces plantés autour de la pièce d'eau centrale.

4. Points d'eau

- **Le lac artificiel**

C'est le point le plus bas du parc, situé dans la partie Sud au bout de l'axe principal. Le lac est annoncé par un canal à 3 seuils de cascade. L'endroit stratégique du lac donne une grande plus-value au parc, grâce à l'importance de la symbolique de l'eau. Le lac est entouré par de la pelouse et une esplanade de palmiers (Figure 19). A l'intérieur du lac on trouve des ilots avec des aires de jeux munies d'une plantation structurée d'arbres ce qui va donner à l'ensemble un effet très attractif.

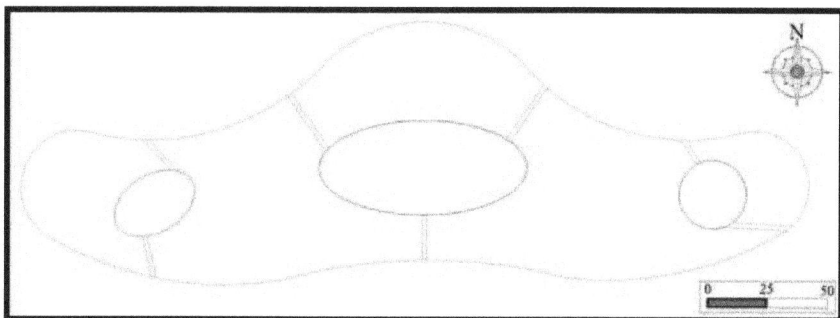

Figure 19 : Lac artificiel

C'est un lac d'agrément mais en même temps utile sur le plan écologique, parce qu'il va créer un environnement propice pour le développement de nombreuses plantes (nénuphar, lotus, myriophylle, iris d'eau..) et de divers animaux (cygnes, canards, poules d'eau, poissons rouges...).

- **Fontaine**

C'est une fontaine en cascades de 20 mètres de diamètre, installée au centre du parc à l'intersection des axes principaux. Elle est entourée par une pelouse qui est accessible au public et des parterres multicolores de fleurs. Cette pièce d'eau représente une source de fraicheur et un véritable élément de décoration.

5. Restaurant

Le parc sera doté d'un restaurant localisé à la limite Sud du site. Une grande terrasse sera aménagée pour avoir une vue panoramique sur le lac et la totalité des éléments composant le parc.

6. Escalade en falaise

L'activité d'escalade se fera sur une partie de la falaise résultant du front de taille laissé par l'extraction des matériaux. L'idée principale est de garder cette falaise en aménageant un segment de 50 m de longueur pour avoir un mur d'escalade perpendiculaire à l'axe principal. L'escalade est une activité de loisir pour de nombreux grimpeurs. Elle est exigeante sur le plan physique mais elle permet également le développement de la confiance en soi.

Figure 20 : Perspective sur l'allée secondaire (Est)

Aménagement d'un parc de loisirs à El Jadida

1. Plan de masse

Figure 16 : Plan de masse

4. Choix des espèces à planter

Lors de la plantation, on cherche à combiner les différentes formes d'arbres et d'arbustes, d'une façon esthétique et harmonieuse en prenant en considération les différences qui existent entre eux au niveau de la forme, du port, de la couleur du feuillage et de la floraison. On a adopté un principe de plantation qui est basé sur l'utilisation des palmiers, des arbres et des arbustes et la diversification entre les espèces pour donner au site une ambiance particulière.

- Les allées principale et secondaire seront plantées par *Phoenix canariensis* afin de créer une impression majestueuse pour l'ensemble des composantes des allées. Ces alignements vont constitué des éléments de repère vers le point central qui sera agrémenté par une grande fontaine, une pelouse et des massifs fleuris de *Dimorphoteca hybride, Pelargonium, Petunia hybride ....*

- Pour marquer les autres allées de circulation, différentes espèces seront plantées permettant leur identification en fonction des arbres d'alignement : *Brachychiton populneum, Melia azedarach, Citrus aurantium, Schinus molle et Citharexylum fruticosum.*

- Les aires de jeux et les espaces de repos seront encadrés par un double alignement de *Jacaranda mimosifolia* qui donne de l'ombre et offre un contraste de couleur avec l'ensemble des arbustes à feuillage décoratif : *Euonymus japonicus, Ligustrum japonicum, Buxus sempervirens, Duranta repens, Pennisetum setaceum, Lantana camara, Acalypha wilkesiana, Nerium oleander, Bougainvillea glabra, Rosa sp.*

- Pour offrir au parc une diversité écologique, on a choisi d'avoir des espaces boisés suivant une trame de 10 m x 10 m, *avec* une palette végétale variée, à savoir*: Eucalyptus gomphocephala, Eucalyptus camaldulensis, Olea europaea, Ceratonia siliqua, Tipuana tipu, Grevillea robusta, Araucaria excelsa.*

- Pour donner une transparence au lac, du *Washingtonia filifera* sera planté sur l'esplanade le long de la berge.

- Pour diversifier les ambiance, un espace au décor minéral de gravier et quelques roches sera conçu avec des plantes grasses et des cactées qui seront espacées les unes des autres. Il s'agit de cactus sphériques, comme *Echinocactus grusonii, Ferocactus glaucescens,* qui seront plantés parmi des touffes de *Yucca elephantipes, Yucca aloifolia, Agave americana, Agave attenuata, Dracaena draco* et *Opuntia microdasys.*

Arbres et palmiers	Arbustes	Plantes grasses	Plantes tapissantes et couvre sol
Phoenix canariensis	Euonymus japonicus	Yucca elephantipes	Dimorphoteca hybride
Washingtonia filifera	Ligustrum japonicum	Yucca aloifolia	Pelargonium
Araucaria excelsa	Buxus sempervirens	Agave americana	Petunia hybride
Acacia cyanophylla	Duranta repens	Agave attenuata	Stenotaphrum
Brachychiton	Plumbago capensis	Dracaena draco	americanum
populneum	Pennisetum setaceum	Opuntia	
Melia azedarach	Lantana camara	microdasys.	
Jacaranda	Acalypha wilkesiana	Echinocactus	
mimosifolia	Nerium oleander	grusonii	
Eucalyptus	Bougainvillea glabra	Ferocactus	
gomphocephala	Rosa sp	glaucescens	
Eucalyptus			
camaldulensis			
Olea europaea			
Ceratonia siliqua			
Tipuana tipu			
Grevillea robusta			
Citrus aurantium			
Schinus molle			
Citharexylum			
fruticosum			

Tableau 2 : palette végétale proposée

Conclusion

On ne peut pas ignorer le rôle vital que jouent les espaces verts notamment dans la dépollution, la régulation du climat et l'amélioration de la qualité de la vie en tant qu'éléments de la nature et comme lieux de détente pour les habitants. Pour améliorer l'identité paysagère d'une ville, il faut prendre en considération l'extension urbanistique qui colonise les espaces verts. C'est le cas d'El Jadida, le centre urbain de la région Doukkala-Abda. Les plus importants espaces verts de la ville datent de la période coloniale, pire encore ces espaces souffrent du délaissement et de la dégradation. Par cette proposition, la ville va disposer d'un important espace de verdure et d'attraction.

La création de ce parc permettra de renforcer le développement urbain et touristique d'El Jadida, d'améliorer son patrimoine vert, d'éliminer les nuisances générées par la décharge. Le par va permettre aussi de créer des espaces d'échanges et de rencontre de manière à répondre aux besoins de la population.

La démarche suivie dans ce travail a permis d'aboutir à l'élaboration de l'avant-projet sommaire après la détermination d'un programme d'aménagement et la fixation d'un parti pour la composition. Toutefois, la réalisation de ce projet nécessite le développement de l'avant-projet détaillé, qui devra être basé sur une analyse plus détaillée pour adapter la proposition d'aménagement aux données du site. Il faudra aussi élaborer un dossier technique pour la consultation des entreprises et l'exécution des travaux.

Annexe 1

Club équestre

> Composantes du club :

- **Manège** : c'est une zone d'évolution couverte avec un sol hippique artificiel, sa superficie est de 800 m².
- **Écurie** : espace réservé aux chevaux, qui s'étale sur une superficie de 1.625 m², on distingue les stalle et les box.
  - ✓ **La stalle** est une installation individuelle étroite aménagée dans une écurie collective, séparée par des bat-flanc fixe ou mobiles. Le cheval y est attaché tête vers le mur. Le logement en stalle peut convenir pour des chevaux de tempérament calme, qui passent beaucoup de temps à l'extérieur.
  - ✓ **Le box** est une écurie individuelle fermée d'environ 3x3 m, où le cheval peut se mouvoir librement. Une ouverture lui permet de regarder ce qui se passe à l'extérieur.
- **Paddock** : Enclos aménagé près des écuries où les chevaux peuvent être laissés en liberté, sa dimension est de 300 m².
- **Carrière** : un lieu en plein-air où se pratique l'équitation. Elle peut être de différente taille et servir également pour le dressage, sa forme est rectangulaire et elle a une superficie de 3000 m².
- **Sellerie** : Lieu où l'on serre les selles et les harnais des chevaux, elle est divisée parfois en plusieurs pièces.
- **Locaux d'entretien** : équipements destinés aux chevaux et à leur entretien comprennent les greniers et les hangars, la fosse à fumier.
- **Locaux des dirigeants** : bureaux à savoir du directeur, du secrétariat et des instructeurs.
- **Tribunes des spectateurs et du jury**.
- **Salle de conférence** est un espace consacré aux rencontres professionnelles, qui vise à réunir les conditions optimum de communication. Li sert aussi à rendre les rencontres plus riches et plus interactives (formations, débats, partenariats…).

Aménagement d'un parc de loisirs à El Jadida

Sellerie

Paddock

Manège

Box

Carrière

Stalle

Références bibliographiques

- SALAMA Youssef, Mountadar Mohammed, Rihani Mohammed et Assobhei Omar (2012) : Evaluation physicochimique et bactériologique des eaux usées brutes de la ville d'El Jadida (Maroc). ScienceLib Editions Mersenne : Volume 4, N ° 120906.
- Anonyme (2012) : المخطط الجماعي للتنمية الحضرية لمدينة الجديدة , الجماعة الحضرية لمدينة الجديدة
- Anonyme (2012 a) : Etude paysagère de la ville d'El Jadida : Aménagement et requalification des espaces verts. Rapport de la phase I, version provisoire. Etude commanditée par l'agence urbaine d'El Jadida au bureau d'étude Seqqat.
- Ministère de la jeunesse et des sports, Mission technique de l'équipement [France] (1993). Equipement sportifs et socio-éducatifs : guide technique, juridique et réglementaire, T.1. 11ème éd. Le Moniteur. 384 p.

> **Webographie**

- Anonyme (2010). Site web du Riad harmonie

(http://www.riadharmonie.com/contact.html)

- Anonyme (2011a) : Site web d'El Jadida

(http://www.eljadida.gov.ma/index.php?option=com_content&view=article&id=154&Itemid=195)

- Anonyme (2011b) :

(http://www.leconomiste.com/article/887964-special-el-jadidabrmettre-fin-la-desorganisation-urbaine)